Jonathan Cardoso

Dalla Terra a Marte

La storia della colonizzazione spaziale

Presentazione

In primo luogo, gli uomini hanno viaggiato nella loro immaginazione, guidati dalla loro intelligenza, che è stata alimentata dai loro miti. Chi non ha mai sentito parlare del mito di Icaro, il primo uomo a volare? In effetti, fin dall'inizio della storia è stato desiderio dell'uomo raggiungere i cieli, dominio e dimora degli dei, e questo desiderio ci ha prodotto con belle storie.

Con questo libro voglio raccontare la storia dell'astronautica, che secondo il dizionario è scienza e le sue tecnologie che si occupano di voli spaziali, ma vado oltre, perché vedo l'astronautica come la scienza che trasforma i sogni in realtà. Con questo lavoro chiudo in bellezza un progetto che ho iniziato più di 10 anni fa: la raccolta "Noi e l'Universo: l'astronomia", dove speravo di raccontare al mondo quanto è meraviglioso il cielo, molto più che solo quei puntini di luce indicano che lo sono.

Ringrazio e ribadisco la mia gratitudine a tutti coloro che stanno seguendo il mio lavoro, a tutti coloro che mi hanno aiutato e sostenuto per arrivare qui.

Questa non è la mia lingua madre, ma ho usato le poche che conosco per tradurre il mio libro e mostrarti le mie idee. Sono uno scrittore brasiliano e spero che questo libro ti piaccia come ho amato scriverlo!

Parte 1 - I fogli spaziali

IL MITO DI ICARUS

L'ingegnosità dell'essere umano è simboleggiata in uno dei miti più belli dell'antichità, un mito che rivela il desiderio dell'essere umano di volare: il mito di Icaro. Secondo i greci, Icaro era il figlio di Daedalus, che era l'uomo più abile e creativo di tutta l'Ellade.

Dedalo fu chiamato a creare un labirinto a Creta, su richiesta del re Minosse, e lì andò, con suo figlio e creò un labirinto insormontabile, per imprigionare il Minotauro. Dedalo, noto per le sue invenzioni e la perfezione del suo lavoro manuale, creò un labirinto così ingegnoso che divenne noto come il Labirinto di Creta. Ma Daedalus riuscì a irritare re Minosse. Aiutò sua figlia a fuggire con un amante e, come punizione, il re ordinò che il costruttore e suo figlio fossero gettati nel labirinto.

Dedalo sapeva che la prigione era insormontabile, perché sapeva che dichiarare il contrario sarebbe stato come diffamare il proprio lavoro, denigrare il proprio talento. Per fuggire da lì, Daedalus ha progettato le ali, ha aggiunto le piume di diversi uccelli, fissandole con la cera, in modo che non si staccassero durante il decollo.

Quando tutto fu pronto, l'artista sbatté le ali, proprio come fanno gli uccelli. Ben presto si ritrovò sospeso in aria. Ha vestito suo figlio con un paio di ali e gli ha insegnato a volare. Spiegò al figlio di non volare alto, perché il calore del sole poteva sciogliere la cera che teneva le piume sulle ali.

Cominciarono a volare e furono liberati dal labirinto che li imprigionava. Volarono attraverso il mare e si sentirono come gli stessi dei. Tuttavia, Icaro dimenticò le raccomandazioni di suo padre e volò via senza preoccuparsi di ciò che gli aveva detto il vecchio Daedalus. Prese il volo in alto, finché non toccò le nuvole e non si accorse che le cere delle ali sulla sua schiena si scioglievano; facendo staccare le piume. Icaro cadde rapidamente in mare e scomparve.

    Quando Dedalo sentì la mancanza di suo figlio, iniziò a cercarlo e gridò: "Figlio, dove sei?" Volò e volò e niente per trovare suo figlio, temendo il peggio, volò sul mare e non passò molto tempo prima che trovasse le penne delle ali di suo figlio che fluttuavano sul mare. Ancora una volta si lamentava delle proprie capacità. Poche ore fa ora era intrappolato nel suo labirinto, piangeva la morte di suo figlio; ucciso dalle ali che le tue mani hanno costruito. Volò con il corpo di suo figlio su un'isola vicina, la seppellì e chiamò l'isola di Icaria, dopo di lui.

    Vera Historia - Luciano de Samósata

Questo è il più antico libro di fantascienza della storia, scritto intorno al 400 a.C. Quest'opera parla di viaggi nello spazio, forme di vita aliene e guerra interplanetaria. Il suo libro inizia così:

"Se ti dico che mento, avrò detto almeno una verità, e spero di sfuggire alla censura generale ricordando che propongo di non dire una sola verità, dall'inizio alla fine di questa storia."

Il libro Vera Historia racconta una vera epopea astronautica: un viaggio nello spazio, con il diritto di discendere in un altro mondo, e ci descrive ancora come sarebbe questo mondo e, ovviamente, il ritorno al nostro pianeta.

La storia inizia con l'autore che ci racconta di essere a bordo di una nave, navigando su mari strani, fino a quando un vortice porta la nave sulla Luna. Il viaggio dura sette giorni e sette notti, fino a raggiungere un'isola nel cielo, scintillante. di luce. I Seleniti sono alti, calvi e barbuti, sempre impegnati in un'orrenda battaglia contro gli abitanti del Sole. Il suo libro non ha alcun interesse scientifico: non si parla di gravità, di vuoto, di mancanza di ossigeno o qualcosa del genere.

Dopo questo libro, un altro non è apparso fino a quasi un millennio dopo. Si scopre che i pensatori del tempo hanno creato l'idea che la Terra sarebbe stata al centro dell'Universo, la Teoria del Geocentrismo. Per questo motivo, gli scrittori non erano attratti dallo scrivere storie portando l'uomo fuori dal centro dell'universo.

Fu nell'anno 1010 che riapparve un libro con l'impronta immaginaria: un romanzo intitolato "Le aquile di Kai-Ka'us". La storia racconta di un re persiano che era sempre in avventure pericolose. Questa volta fu persuaso a conquistare la luna, voleva comunque avventurarsi nel cosmo e conquistare quell'isola, l'isola galleggiante del cielo notturno. Fu allora che radunò una legione di aquile e le addomesticò. E dopo molti, molti tentativi frustranti, viene ributtato sulla Terra, cadendo in un luogo sconosciuto. Secondo la leggenda, le aquile di Kai-Ka'us sono considerate dai saggi persiani un monito per i più audaci, per coloro che sfidano i misteri celesti dagli dei custoditi.

Le prime storie di natura scientifica iniziarono ad apparire nel 1634, fu in quest'anno che il famoso matematico e astronomo Johannes Kepler scrisse il suo libro Somnium (sogno). Nel suo libro, Keplero conosce il vuoto celeste e per questo i suoi personaggi non vanno sulla Luna tirati dalle ali. Inoltre, Keplero conosce già la mancanza di respiro sulla Luna, e per questo motivo gli abitanti di lì vivevano nelle caverne. A differenza dei suoi predecessori, Keplero utilizza i dati di osservazione del telescopio per descrivere l'aspetto della luna Dopo Somnium, i viaggi nello spazio sono diventati più popolari.

Nel 1638 fu pubblicato il libro "The man in Moon", scritto dal vescovo inglese Francis Godwin, con lo pseudonimo di Domingo Gonsales. In questo lavoro, descrive il viaggio di un nobile spagnolo in rovina sulla luna, con le sue oche domestiche. Durante gli anni 1638 e 1767, il libro ebbe 25 edizioni e fu tradotto in cinque lingue.

La scoperta di un nuovo mondo fu scritta nel 1640 da un altro inglese, di nome John Wilkins. In questo libro cerca di convincere il lettore che è possibile avere un altro mondo abitabile.

Chi era ben noto per le sue storie celesti era Hector Savinien Cyrando de Bergerac. Drammaturgo filosofo, autore di satira e grande appassionato di fantascienza. Tra il 1649 e il 1692 scrisse due grandi opère : Voyage dans la Lune e Histoire Comique des États et Empires de Soleil. Nella prima storia, Savinien riempie diverse bottiglie di rugiada, e prima che il sole sorga, sparge questa rugiada sul suo corpo. Non appena il sole sorge e inizia ad evaporare questa rugiada sul tuo corpo, diventando questo propellente di Savinien, facendolo volare. Tuttavia, il suo carburante è basso e non raggiunge la luna, ma cade in Canada. Questo è il primo libro che suggerisce un metodo ragionevole nella fantascienza per portare i tuoi eroi nello spazio. Fino ad ora, gli scrittori hanno trasportato i loro personaggi nello spazio disegnando animali miracolosi, ma in questa storia, Savinien viene agganciato da soldati missilistici e inviato sulla luna quando atterra in Canada.

Tra tutte le storie mai prodotte, la più bella di tutte fu scritta nel 1878, da Jules Verne: From Earth to the Moon, che fino ad oggi incanta e affascina, diventando un grande classico immortale. È ammirevole, anche oggi, come il libro sia stato così profetico in relazione all'arrivo dell'uomo sulla Luna.

1º Secondo Verne, la partita si sarebbe svolta nella città di Tampa, ed è avvenuta a soli 35 km di distanza, a Cabo Kennedy.

La nave della seconda Verne aveva tre membri dell'equipaggio, così come Apolo e Soyuz.

3 ° Il veicolo era cilindrico-conico, allo stesso modo delle navi attuali.

4 ° Il tempo di viaggio Terra-Luna-Terra, senza atterrare sul satellite, è stato di 8 giorni, lo stesso tempo dell'Apollo 8

Gli astronauti del 5 ° Verne hanno usato razzi retro per frenare e cambiare rotta, ed è ovvio che lo stesso è accaduto con Apollo.

6 ° Verne sapeva già della mancanza di gravità nella cabina e ne prevedeva gli effetti.

I viaggiatori del 7 ° Verne scesero in mare, vicino a una nave, lo stesso accadde con le manovre di recupero americane.

La cabina dell'8 ° Verne pesava 10 tonnellate, il modulo lunare 13.

Nonostante tutti i successi che ha avuto Jules Verne, ha anche commesso degli errori, che non sono stati un ostacolo per il lavoro a provocare lo straordinario fascino che ha provocato. Lì è nato un nuovo metodo di scrittura di fantascienza: avvicinarsi ai fatti reali, insieme a una sorta di visione profetica, così, con gli occhi aperti, gli uomini hanno iniziato a sognare. Comunque, Albert Einstein aveva ragione quando diceva: "L'immaginazione è più potente della conoscenza, allarga la visione, espande la mente, mentre sfida l'impossibile. Senza di essa, la conoscenza ristagna. " O anche, come diceva Konstantin Eduardovitch Tsiolkowsky, scienziato russo pioniere nello studio dei missili e della cosmonautica, "all'inizio sorgono le idee, la fantasia, il racconto. Dopo di loro, calcolo scientifico. Solo allora, gli uomini pratici possono renderli una realtà. Tsiolkowsky morì nel 1935, anno della nascita del primo uomo (anche lui russo), che sarebbe andato nello spazio.

Parte 2 - Come cera i razzi

La probabile storia dell'apparizione dei razzi inizia nel 13 ° secolo, da parte dei cinesi. Hanno riempito i gusci di bambù con salnitro, zolfo e carbone; Così nacquero i fuochi d'artificio e anche il primo sistema di propulsione. Fu nel diciottesimo secolo che i razzi furono trasformati in metallo.

Molte persone pensano che i razzi siano stati usati solo nelle guerre dopo la seconda guerra mondiale, ma ci sono rapporti dall'inizio del 13 ° secolo, di un'invasione mongola nella provincia di Huan, al confine occidentale dell'Impero cinese, dove hanno usato e li chiamava "frecce di fuoco volanti".

Fu attraverso gli arabi che gli europei incontrarono i razzi, e li usarono dal 1453, dopo la fine della Guerra dei Cent'anni, ma presto scomparvero e tornarono sulla scena solo negli anni 1803 e 1815, epoca napoleonica Guerre.

I razzi furono visti solo come un sistema di propulsione per veicoli spaziali dagli scrittori, ma alla fine del XIX secolo e all'inizio del XX secolo, i primi scienziati apparvero nei razzi, un sistema di propulsione per veicoli spaziali. Diversi nomi spiccano nello studio dei razzi come sistema di propulsione, ma vale la pena menzionare nomi come il russo Konstantin Eduardovitch Tsiolkowsky (1857-1935), il tedesco Hermann Oberth (1894-1989), l'americano Robert Hutchigs Goddard (1882) -1945), Sergei Korolev (1907-1966), Valentin Petrovich Glushko (1908-1989) e Werner Von Braun (1912-1977).

Konstantin Tsiolkowsky ha presentato agli astronomi la sua equazione del razzo (nota come equazione del razzo di Tsiolkowsky), e nell'equazione considera che un dispositivo può applicare l'accelerazione allo stesso tempo, espellendo parte della sua massa ad alta velocità, nella direzione opposta, a causa della conservazione della quantità di movimento.

Herman Oberth iniziò a costruire razzi per eventi pubblicitari per un film tedesco intitolato "Frau im Mond" (La donna sulla luna). È stato assistito da Werner Von Braun, che in seguito è venuto per aiutare a costruire Saturn V, che ha reso possibile l'atterraggio sulla luna. Oltre a tutto il suo contributo ai razzi, ha anche aiutato molto con telescopi, riflettori spaziali, stazioni spaziali e tute spaziali. Oberth credeva anche nell'ipotesi extraterrestre.

Robert Goddard è considerato il padre della moderna razzo, essendo esso uno degli sviluppatori della tecnologia spaziale.

Sergei Pavlovich Korolev è stato il principale progettista di razzi e aerei durante la corsa allo spazio, essendo considerato il padre dell'astronautica sovietica, poiché era direttamente responsabile dei successi pionieristici dell'Unione Sovietica nella corsa allo spazio, e questo include il lancio di successo dello Sputnik e la missione che ha portato il cane Laika nello spazio. Fu anche responsabile della missione Vostok, che mise Yuri Gagarin in orbita terrestre, morì nel 1966, mentre l'Unione Sovietica stava ancora guidando la Corsa allo Spazio.

 Valentin Petrovich Glushko progettò diversi motori utilizzati nei razzi progettati da Sergei Korolev, tra cui l'RD-107, che sarebbe diventato uno dei più importanti al mondo, oggi utilizzato nelle versioni modernizzate.

 Werner Magnus Maximilian Von Braun era un ingegnere tedesco, sviluppatore del razzo V-2 per i nazisti e del razzo Saturn V, per gli Stati Uniti. È stato il progettista del primo grande razzo alimentato a combustibile liquido.

 I razzi hanno il loro principio di funzionamento del motore basato sulla terza legge di Newton, la legge di azione e reazione, che postula che ogni azione ha una reazione corrispondente, con la stessa intensità, la stessa direzione, ma nella direzione opposta.

Per questo, immaginiamo uno spazio chiuso, dove c'è un gas che brucia. Questa combustione produrrà pressione in tutte le direzioni. Poiché lo spazio è chiuso, non ci sarà alcun movimento, ma se introduciamo un foro in questa scatola chiusa, i gas usciranno attraverso di esso e quindi produrrà una spinta. Ecco come funziona un razzo.

Abbiamo 4 tipi di razzi, tuttavia, solo tre sono ancora dominati dalla scienza:

- Razzo a Combustibile liquido

Sono razzi dove il combustibile e il bruciatore vengono immagazzinati all'esterno della camera di combustione e vengono pompati e miscelati nella camera.

- Razzo a combustibile solido

In questo caso, il propellente (carburante) e l'ossidante (bruciatore) sono allo stato solido all'interno della camera di combustione. Questo è stato il primo tipo di razzo creato, dopotutto i cinesi usavano già la tecnica del bambù con polvere da sparo, i prototipi del razzo.

- Razzo a combustibile ibrido

Sempre in fase di test, sia il combustibile che l'ossidante sono in camere separate, in stock differenti: liquido / solido o gassoso / liquido. Questo tipo di razzo può essere considerato una via di mezzo tra il razzo a combustibile solido e liquido. Paesi come il Brasile e gli Stati Uniti stanno lavorando per sviluppare questo tipo di razzi.

- Razzo antimateria

Questo tipo di razzo è ancora solo sulla carta, in quanto presenta una serie di incongruenze. L'uso dell'antimateria come forza di impulso può rivelarsi il più vantaggioso di tutti, dopotutto, l'intera massa della miscela, sia essa materia o antimateria trasformata in energia, consentirà una densità di energia molto più elevata di quella che abbiamo nei razzi odierni. La più grande preoccupazione in questo tipo di razzo è la produzione di antimateria, così come il suo immagazzinamento. Ricordando che l'antimateria annienta la materia, può facilmente distruggere un razzo in pochissimi milionesimi di secondo.

Parte 3 - La razza spaziale

Dopo la seconda guerra mondiale, due superpotenze hanno combattuto tra loro: gli Stati Uniti e l'Unione Sovietica. Il periodo che va dal 1950 al 1990 divenne noto come Guerra Fredda perché non c'era una guerra aperta e aperta, non c'erano invasioni, armi o persino conflitti. Tuttavia, la rivalità tra le due superpotenze era evidente, ei loro sforzi si concentrarono sul fare da pioniere e esplorare lo spazio, che all'epoca era visto come qualcosa di necessario per la sicurezza nazionale e come un simbolo di superiorità tecnologica (e ideologica). Fu in questa atmosfera che furono lanciati satelliti artificiali, voli spaziali con equipaggio intorno alla Terra e viaggi con equipaggio sulla Luna.

La corsa allo spazio ha avuto origine nella corsa agli armamenti, iniziata poco dopo la fine della seconda guerra mondiale, dove sia gli Stati Uniti che l'Unione Sovietica hanno inseguito le tecnologie spaziali sviluppate dai tedeschi, così come i tedeschi stessi, specialisti in tecnologia missilistica. Si è registrato quindi un aumento significativo della spesa per l'istruzione e la ricerca.

Il primo passo verso la supremazia nello spazio fu compiuto dall'Unione Sovietica, e ciò avvenne il 4 ottobre 1957. Quel giorno la gara era iniziata e la competizione era aperta, con l'URSS in testa: alle 7; 57 PM, l'URSS lancia il primo satellite artificiale sulla Terra, lo Sputnik I.

Gli americani sono rimasti sbalorditi e persino spaventati dall'intera giornata occupata dai sovietici, dopotutto, se avessero potuto inviare un satellite nello spazio, cosa avrebbero potuto fare sulla Terra? Quello che gli americani non sapevano era che i sovietici avevano lavorato duramente per realizzare un razzo per lanciare un missile balistico e non un satellite.

Come sospinti da uno slancio burrascoso, i sovietici non aspettarono nemmeno che la polvere si depositasse, e in meno di un mese erano di nuovo lì, diretti nello spazio. Il 3 novembre 1957, lo Sputnik II era pronto a decollare, solo questa volta con un piano più ambizioso.

Lo Sputnik II non era solo un satellite naturale, ma trasportava una carica molto preziosa: lo Sputnik II stava portando il primo essere vivente in orbita attorno al pianeta Terra. Il piano era ambizioso e volevano scoprire come si sarebbe comportato un organismo vivente nello spazio. Alcuni mesi prima, gli scienziati hanno portato via un cucciolo dalle strade di Mosca e lo hanno chiamato Лайка, Laika, non era proprio il nome, ma la razza di cui faceva parte. Tutto era stato ben pianificato e ben preparato, tranne che tutti già sapevano che sarebbe stato un viaggio di sola andata, era stata portata fuori dalle strade e mandata direttamente alla sua morte. Il piano iniziale era che dopo poche ore sarebbe stato rilasciato del mangime velenoso e lei sarebbe morta senza dolore. I sovietici affermarono che il cane le era sopravvissuto per settimane. Comunque, quello che è successo è totalmente diverso da quello: è solo nel 2002 che trapelano informazioni che dopo un'ora che il cucciolo è arrivato nello spazio, uno dei sistemi di raffreddamento della capsula ha smesso di funzionare e il cucciolo è morto di ipertermia. Al giorno d'oggi, Laika è sinonimo di superamento, esplorazione, coraggio e sebbene questo non inverta il suo tragico, è stato onorato in innumerevoli modi, essendo apparso su francobolli russi, opere di finzione delle più diverse nature, musica e film. C'è un memoriale in Russia chiamato Monumento ai conquistatori del cosmo, che celebra la scoperta del popolo sovietico nell'esplorazione spaziale, dove detiene un posto speciale, oltre ad avere la sua statua, altrove in Russia. Pochi umani hanno osato esplorare l'ignoto mentre Laika lo ha affrontato involontariamente.

Gli americani non volevano essere lasciati indietro quando si trattava di Cosmo, e il 31 gennaio 1958 lanciarono il loro primo satellite artificiale, Explorer I, mostrando la loro forza e volontà di far alzare la loro bandiera lassù. Il 28 luglio 1958 l'allora 34° presidente degli Stati Uniti, Dwight D. Eisenhower, firma la legge per il NACA (Comitato consultivo nazionale per l'aeronautica - Comitato nazionale per le questioni aeronautiche) per scambiare la "c" con la "s", E da quel giorno è si chiamerebbe Nasa. Non si tratta solo di cambiare nome, poiché la NASA significherebbe National Aeronautics and Space Administration (aeronautica nazionale e amministrazione spaziale), come puoi vedere, erano davvero interessati a essere i colonizzatori dello spazio, ma i Soviet etici erano ancora in prima linea e avrebbero fatto ancora un passo avanti verso il fronte.

12 aprile 1961, alle sette del mattino, dopotutto il freddo stava pestando, al Cosmodromo di Baikonur c'erano 40 gradi sotto zero. C'era un maggiore di 27 anni chiamato Юрий Алексеевич Гагарин, o Yuri Alexeyevich Gagarin. Fino a quando non lo raggiunsero, gli scienziati sono stati sottoposti a una ricerca rigorosa e lui era sempre in prima linea, è stato a causa di meritocrazia: ha ottenuto un eccellente prestazione in allenamento ed era di origine contadina - che conteneva punti nel sistema comunista. Questo è il motivo per cui è stato scelto per pilotare la navicella spaziale Vostok I. Il ragazzo aveva 27 anni quando è diventato il primo essere umano ad andare nello spazio, in cui ha compiuto un'orbita

completa attorno al pianeta. È stato in orbita per 108 minuti, ad un'altezza di 315 km, in un volo completamente automatizzato, con una velocità approssimativa di 28.000 km / h.

Gli esperti sovietici hanno calcolato in modo errato (due volte) la traiettoria di atterraggio della nave. Questo errore ha causato l'atterraggio della capsula spaziale Gagarin in Kazakistan, a più di 320 km dalla posizione originariamente prevista (che era la posizione di decollo). Ciò significava che al momento dell'atterraggio non c'era nessuno ad attenderlo.

I sovietici hanno dichiarato che all'atterraggio Gagarin si trovava all'interno della capsula spaziale, quando in realtà l'astronauta ha utilizzato un paracadute, saltando a sette chilometri da terra. L'Unione Sovietica ha negato e se e solo se fatto per anni, paura che il volo non sarebbe riconosciuto dagli organismi internazionali come il pilota non ha seguito la nave fino alla fine.

Alcune persone dicono che aveva detto: "Ho guardato ovunque e non ho visto Dio!" Ma si sa che questa è una bugia, dopotutto era un membro della Chiesa ortodossa. Ma ha detto: "La Terra è blu e la transizione tra il blu della Terra e il nero del Cosmo è regolare. C'è abbastanza spazio per tutti.

Esultanti, soprattutto esseri viventi, più veloci di qualsiasi uomo. Il moderno Icaro è uscito dai regni della gravità, la forza che legava tutti i suoi fratelli a quel puntino blu, un'isola blu nel Cosmo.

Al ritorno sulla Terra, Yuri Gagarin è diventato una celebrità e per questo motivo è diventato un poster boy per il programma spaziale sovietico e, quindi, non poteva essere inviato nello spazio. Sulla Terra ha dichiarato: "I cosmonauti americani dovranno raggiungerci, saluteremo il loro successo, ma cercheremo di stare al passo.

In effetti, i sovietici correvano veloci, e prima che gli americani potessero fare qualcosa, avevano già preparato un nuovo Vostok e mandato Guerman Titov, che ha trascorso 2 ore e 18 minuti a Cosmo.

Tuttavia, gli americani non si arresero e finalmente il 20 febbraio 1962, a bordo della capsula spaziale Friendship 7, l'astronauta americano John Herschel Glenn Jr. diventa il primo americano nello spazio. Sebbene Gagarin sia stato il primo, il viaggio di John Herschel è stato più storico: è stato trasmesso in televisione per 135 milioni di persone, che hanno visto e sentito il meglio dello spazio! È stato il successo di John Glenn a fornire un po' di fiducia, compensando parte della paura di anni di incertezza che avevano afflitto gli americani da quando la corsa allo spazio era effettivamente iniziata, dal lancio dello Sputnik I. Gli americani stavano già iniziando a vedere le spalle del tuo avversario.

  I primi viaggi nel cosmo furono gloriosi, ma anche scomodi. Quando John Glenn si è dimesso da Friendship 7, ha detto: "Wow, che caldo c'è dentro. E questa cabina? È così stretto che non mi sentivo dentro, lo stavo indossando! "

  Il 1967 fu un anno di lutto per entrambi i paesi: gli Stati Uniti e l'URSS piansero la morte dei loro eroi. In una corsa feroce, in cui era visibile solo il traguardo, gli astronomi si sono dimenticati di pensare alla vita dei loro eroi spaziali e li avrebbero pagati a caro prezzo. Il 26 gennaio 1967, dopo diversi test senza pilota con l'Apollo 1, gli astronomi Virgil Grissom, Edward White e Roger Chaffee si imbarcarono per fare un ultimo test, il test con equipaggio. Gli americani piansero quel giorno: nell'ultima prova Virgil Grissom riferì la torre che aveva appiccato un incendio nell'abitacolo e avrebbero abbandonato il modulo, ma per problemi costruttivi e l'alta concentrazione di fumo non furono in grado di aprire il portello e morì tre, all'interno del modulo. Tre agenti hanno comunque tentato di aprire l'uscita di emergenza, anche con il rischio che il carburante del razzo esplodesse e uccidesse tutti. Ci sono voluti cinque minuti per aprire i livelli del modulo. Il salvataggio era stato ritardato: i tre erano già morti. Dopo che il fuoco è stato controllato e il fumo denso dall'interno della nave si è dissipato, è stato possibile trovare i corpi degli astronauti. Virgil Grissom giaceva sul pavimento della capsula, mentre Edward White è stato trovato vicino al portello, che è morto cercando di aprire. Roger Chaffee, nel frattempo, era stato ordinato di rimanere in contatto con il comando fuori dalla nave e quindi è finito per morire al suo posto.

Da qualche parte sulla luna, una lastra di rame è incisa con i nomi di otto astronauti, e tra loro ci sono i nomi di Virgil Guss Grissom, Edward White e Roger Chaffee.

Dopo questa sconfitta per ignoranza, i sovietici erano in testa. Avrebbero potuto imparare da quello che hanno passato gli americani, avrebbero potuto evitare l'ennesimo disastro. Tuttavia, poiché l'unica cosa che contava davvero era il dominio del Cosmo, il disastro dell'Apollo non funzionò.

Soyuz in russo significa "unione" e ci ricorda il periodo dell'Unione Sovietica. I sovietici avevano un piano audace: lanciarono la Soyuz I nello spazio il 23 aprile 1967 e presero a bordo il colonnello Vladimir Komarov, che sarebbe stato in orbita con la navicella Soyuz 2 e avrebbe cambiato equipaggio prima del ritorno sulla Terra.

Tuttavia, la Soyuz I era piena di problemi tecnici che finivano, non solo la Soyuz II non sarebbe stata lanciata, e sarebbe stato a causa di questi problemi tecnici che l'astronauta che la "indossava" sarebbe morto. Poco dopo il suo lancio, uno dei pannelli solari non si è attivato e ciò ha causato l'interruzione dell'alimentazione del modulo spaziale.

Quindi, i sensori di orientamento della navicella hanno iniziato a presentare problemi, rendendo più difficile manovrarla e, al 13 ° giro intorno al pianeta, il sistema di stabilizzazione si è fermato e, come se non bastasse, il sistema manuale non ha funzionato correttamente. Quindi il direttore di volo ha dovuto interrompere la missione.

Subito dopo la 18a orbita, i retro-propellenti furono attivati e Soyuz I rientrò nell'atmosfera terrestre. Tutto sembrava andare bene, fino a quando Komarov ha provato a scattare il paracadute principale del modulo per facilitare la caduta, funzionava come freno. Il dispositivo non funzionava, c'erano i paracadute di emergenza, azionati manualmente, che anche loro non funzionavano correttamente.

Vladimir Komarov è morto per la collisione del veicolo spaziale al suolo, a una velocità di 140 km / h, seguita da una grande esplosione. Sulla scena dell'incidente, c'è un parco e un busto dell'astronauta, perché tutti ricordino quel giorno, perché tutti ricordino Vladimir Komarov, che sarebbe stato il primo a cambiare nave nel mezzo dello spazio, ma era il primo uomo a subire un incidente su un volo spaziale nella storia universale.

Nonostante non siano riusciti a raggiungere la luna, la Soyuz è stata riprogrammata per fungere da veicolo di trasporto per la Salyut, le stazioni spaziali Mir e la Stazione spaziale internazionale (ISS).

Sebbene abbia subito un'altra tragedia nel 1971 con la Soyuz 11 e abbia sofferto di altri problemi come l'aborto non fatale di lanci e incidenti in alcuni atterraggi, la Soyuz divenne il sistema di trasporto spaziale con equipaggio più longevo e affidabile mai concepito.

Fino alla fine del 1968, i sovietici e gli americani ridisegnarono le loro astronavi, ma ora iniziarono a pensare un po' 'di più ai sistemi che avrebbero protetto le vite dei loro eroi spaziali. Il punto non era solo ottenere il controllo del Cosmo, ma rispettare le vite degli uomini che vi avrebbero messo piede.

Parte 4 - Il volo più audace dell'uomo

"Credo che questa nazione dovrebbe impegnarsi a raggiungere l'obiettivo, prima della fine di questo decennio, di far atterrare un uomo sulla luna e riportarlo sano e salvo sulla Terra. Nessun singolo progetto spaziale in questo periodo sarà più impressionante per l'umanità, o più importante per l'esplorazione spaziale su lunghe distanze; e nessuno sarà così difficile o costoso da realizzare.
Proponiamo di accelerare lo sviluppo del veicolo spaziale lunare appropriato.
Proponiamo di sviluppare razzi alternativi a combustibili solidi e liquidi, molto più grandi di quelli attualmente in fase di sviluppo, fino a quando non avremo il sopravvento.
Proponiamo fondi aggiuntivi per altri sviluppi di motori e per esplorazioni senza pilota, che sono particolarmente importanti per lo scopo che questa nazione non lascerà

mai: la sopravvivenza dell'uomo che per primo compie questo coraggioso volo, ma in un modo molto reale, non essere una casa che andrà sulla Luna Se esprimiamo questo giudizio in modo affermativo, sarà un'intera nazione, poiché tutti dobbiamo lavorare per metterlo lì.

Questo fu il discorso tenuto da John Fitzgerald Kennedy, il 25 maggio 1961, al Congresso degli Stati Uniti. Credeva che fosse nell'interesse nazionale per la superiorità americana sulle altre nazioni, a suo avviso, era intollerabile che l'Unione Sovietica fosse ulteriormente avanzata nella corsa allo spazio.

Il programma Apollo era il nome dello sforzo per portare l'uomo sulla Luna. La squadra fu annunciata il 20 novembre 1967. Il comandante sarebbe stato Neil Alden Armstrong (1930 - 2012). Il pilota del modulo di comando sarebbe Michael Collins (1930), e il pilota del modulo lunare sarebbe Edwin Eugène Aldrin Jr. (1930).

Il 16 luglio 1969 alle 13h32m fu lanciato il razzo Saturn V. Dodici minuti dopo è entrato in orbita, a un'altitudine di 185,9 per 183,2 km. Alle 16:22, il motore S-1VB del terzo stadio ha fatto una bruciatura ad iniezione translunare (una manovra orbitale, che sarebbe responsabile del posizionamento della sonda sulla traiettoria della Luna.

Alle 17:21 passò dietro la luna l'Apollo 11. Fu in questo momento che la nave avviò il motore per entrare nell'orbita lunare. Dopo 20 orbite, l'equipaggio ha osservato con i propri occhi il sito di atterraggio.

20 luglio, alle 12 h52m. Armstrong e Aldrin si uniscono a Eagle, iniziando i preparativi per la discesa sul suolo lunare. Alle 17:44, la capsula dell'Aquila si separò dalla Columbia. Michael Collins rimase solo alla Columbia ed era responsabile dell'ispezione di Eagle. Fu a questo punto che Neil Armstrong esclamò: "L'aquila ha le ali!"

Domenica 20 luglio 1969, 20:17. Eagle atterrò, e dovettero inventare un nome per esso: alussination, lo sbarco sulla luna. Armstrong ha sottolineato: "Houston, questa è la base di Tranquility. L'aquila (l'aquila) è atterrata! "

2:39 Il portello è stato aperto e gli uomini possono andarsene. Inizialmente, Neil

Armstrong ha difficoltà a superare il portello insieme al suo sistema di supporto vitale portatile. Alle 2:51 iniziò a scendere sulla superficie lunare. Più di 600 milioni di persone in tutto il mondo stavano guardando quel momento in televisione. Ha raccolto alcuni campioni, quando Buzz Aldrin lo raggiunse sulla superficie lunare, commentò:

"Magnifica desolazione!"

Quegli uomini stavano facendo la storia, stavano facendo la storia. Il momento previsto era arrivato: Neil Armstrong prese una bandiera e la attaccò a due pollici nel suolo lunare. E poi ha ricevuto quella che divenne nota come la storica telefonata con l'allora 37° presidente degli Stati Uniti Richard Milhous Nixon:

"Nixon: Ciao, Neil e Buzz. Ti parlo per telefono dallo Studio Ovale alla Casa Bianca. E questa deve essere sicuramente la telefonata più storica mai fatta. Non posso dirti quanto siamo orgogliosi di ciò che hai fatto. Per ogni americano, questo deve essere il giorno più orgoglioso della loro vita. E per tutte le persone nel mondo, sono sicuro che si uniranno anche agli americani in riconoscimento dell'enorme risultato che questo è. A causa di ciò che hai fatto, i cieli sono diventati parte del mondo dell'uomo. E mentre ci parli dal Mare della Tranquillità, questo ci ispira a raddoppiare i nostri sforzi per portare pace e tranquillità sulla Terra. Per un momento inestimabile nell'intera storia dell'uomo, tutte le persone su questa Terra sono veramente una: una nel loro orgoglio per ciò che hai fatto e una nelle nostre preghiere affinché tu torni sano e salvo sulla Terra.

Armstrong: Grazie, signor presidente. È un grande onore e privilegio per noi essere qui, a rappresentare non solo gli Stati Uniti, ma anche uomini di pace di tutte le nazioni, con interesse e curiosità, e uomini con una visione per il futuro. È un onore per noi poter partecipare oggi e qui ".

Ma il momento ancora più storico doveva ancora venire, il momento che avrebbe segnato una volta per tutte la sovranità degli Stati Uniti sulle altre nazioni, che avrebbero dichiarato che gli americani avevano vinto la razza spaziale: Neil Armstrong andò sulla nave e scoprì una targa nella fase di discesa del modulo lunare. Questa targa conteneva due disegni del pianeta Terra (entrambi gli emisferi), le firme dei tre astronauti, del presidente Nixon, così come un'insegna che diceva: " HERE MEN FROM THE PLANET EARTH FIRST SET FOOT UPON THE MOON JULY 1969 A.D. WE CAME IN PEACE FOR ALL MANKIND ". Oppure: qui, gli uomini del pianeta Terra, per la prima volta, hanno calpestato la Luna, nel luglio 1969 d.C. siamo venuti in pace per tutta l'umanità. Armstrong descrive come appare il suolo della luna e, mentre cammina, afferma: "Un piccolo passo per me, un grande salto per l'umanità".

Il ritorno a casa è stato un successo, quasi come previsto da Jules Verne. L'obiettivo fissato da John Fitzgerald Kennedy all'inizio del decennio è stato raggiunto.

Molte cose che usiamo oggi sono state inventate solo per assistere gli astronauti nel loro viaggio attraverso il cosmo. Molto probabilmente, lo smartphone che usi ha più tecnologia dell'intero modulo lunare, che aveva 2kb di ram. Ora vediamo la tecnologia che usiamo oggi a causa di quel viaggio, e ci sono persone che dicono che è stato sciocco per l'uomo andare sulla luna.

 Affinché il volo non fosse più un disastro per la NASA da segnalare, hanno deciso di cercare di evitare il più possibile gli errori umani. Pertanto, la NASA ha assunto Draper Laboratories per costruire un sistema di guida basato su computer e ha fatto affidamento su un software per archiviare grandi quantità di dati.

 Il criterio di conservazione del cibo che abbiamo oggi è legato all'Apollo 11, poiché nelle lunghe missioni gli astronauti avevano bisogno di ricevere le più svariate tipologie di cibo.

 Quando i maratoneti finiscono la loro corsa sono avvolti in una coperta d'argento, lo stesso accade quando qualcuno ha un incidente. Questo è stato creato in modo che gli astronauti non sentissero il drastico cambiamento di temperatura; che spesso si verifica al di fuori dell'atmosfera.

 Oggi siamo abituati ad arrivare in uno stabilimento e ad essere presi in temperatura con un misuratore a infrarossi e questo è possibile solo perché gli astronomi dovevano misurare le ondate di calore del pianeta.

  E gli stereo HI-FI che usiamo nelle nostre case? È a causa della tecnologia che Armstrong ha utilizzato per perforare le pietre nel suolo lunare. E le lenti a contatto che rendono belli molti giovani e aiutano gli altri a vedere? Sono stati creati in modo che gli occhi degli astronauti non subissero la luce ultravioletta.

  Dopo la perdita della vita degli astronauti nel 1967, si preoccupavano di tenere d'occhio la loro salute 24 ore al giorno, mentre erano nello spazio. Ecco perché sono stati creati i monitor cardiaci, come quelli che vediamo negli ospedali.

  Molte delle cose che usiamo oggi, i progressi tecnologici che abbiamo possono, nella maggior parte dei casi, essere dedicati agli sforzi che gli americani hanno dovuto fare per collocare un uomo nello spazio. GPS, Google Earth, il sistema di monitoraggio delle telecamere sono solo altri esempi del fatto che molte delle cose che utilizziamo provengono dalla NASA.

Come previsto, la Space Race non si è fermata con l'arrivo dell'uomo sulla Luna, né tantomeno la Guerra Fredda (terminata solo nel 1975). Anche se è finito, negli anni '80, sono state sviluppate tecnologie, in particolare armi spaziali. E come arma spaziale, intendiamo qualsiasi oggetto che è in orbita con un bersaglio sulla superficie o che si trova sulla superficie con un bersaglio in orbita. Fu durante il mandato di Ronald Regan che gli Stati Uniti concepirono un progetto che divenne popolarmente noto come "Star Wars", ma il nome era SDI - Strategic Defense Initiative, o Strategic Defense Initiative. Il sistema SDI era composto principalmente da una rete di satelliti armati, in grado di rilevare e sparare, dallo spazio, missili balistici intercontinentali, dotati di testate nucleari. Se entrasse in funzione, lo SDI annullerebbe il potere offensivo di qualsiasi paese, inclusa l'URSS. In risposta, l'era di Gorbaciov creò il Polyus, un'arma spaziale dotata di cannoni nucleari e un cannone laser, in grado di attaccare obiettivi sulla Terra e abbattere i satelliti SDI. Tuttavia, nel mese della sua uscita, nel maggio 1987, Polyus cadde nell'oceano e il programma fu cancellato. Il programma SDI non è mai diventato operativo. Nell'era Bush, è stato ribattezzato Missile Shield, ma è stato Barack Obama a cancellarlo per sempre.

Parte 5 - Sonde spaziali

Quando guardiamo indietro e vediamo l'arrivo dell'uomo sulla Luna, pensiamo certamente che sia una grande impresa tecnologica; ed è. Tuttavia, più ingegnose di così, erano le missioni senza pilota. Dobbiamo ricordare e dare loro credito, dopotutto, le più grandi scoperte scientifiche sono state fatte da loro.

La prima sonda spaziale fu lanciata dai sovietici nel 1959, chiamata Lunik II, che divenne la prima a cadere nell'orbita del Sole. Successivamente, furono lanciate diverse sonde, non solo per la Luna, ma anche per altri pianeti, non inviato solo dai sovietici, ma anche dagli americani.

Fateci sapere ora, la storia delle più famose sonde spaziali.

Programma Mariner

Il programma Mariner è stato sviluppato dalla NASA con l'obiettivo di esplorare i pianeti Mercurio, Venere e Marte. Sono state pianificate cinque missioni, con l'utilizzo di 10 sonde.

La prima missione riuscita fu Mariner 2, che fu lanciata nel 1962. Passò vicino a Venere e ottenne dati sulle condizioni atmosferiche di quel pianeta.

Mariner 4 è stato lanciato nel 1964 ed è stata lei a inviare le prime foto di Marte. Mariner 10 ha visitato Mercury ed è stato nel 1973 che abbiamo avuto le prime informazioni sul pianeta più vicino al Sole. Mariner 9 è stata quella che ha rivelato le scoperte più importanti sul pianeta rosso: ha fotografato un vulcano alto 2 7 chilometri, chiamato Monte Olimpo, in onore della mitologia greca, che secondo loro era il luogo più alto dell'universo, la casa degli dei. Nel 1985 gli scienziati della NASA hanno rivelato la grande possibilità di acqua in forma liquida e in grandi quantità nel sottosuolo di Marte. Il Mariner 9 ha anche fotografato le calotte polari ai poli marziani, l'acqua è stata congelata in uno strato di ghiaccio di CO_2 noto come neve carbonica.

Le missioni di Sé rie Mariner

Mariner 1 - 7/22/1962 - missione programmata per andare su Venere, ma a causa di una deviazione della rotta, è stata ordinata l'autodistruzione, avvenuta solo 293 secondi dopo il lancio.

Mariner 2 - 27/08/1962 - La sonda ha superato il 35 mila chilometri da Venere il 14 dicembre 1962 ed ha inviato informazioni importanti sul pianeta.

Mariner 3 - 11/5/1964 - Sonda identica alla sonda Mariner 3, ed entrambe divennero note come Mariner-Mars. La neve è passata a 9.920 chilometri da Marte: la superficie marziana è stata fotografata 22 volte da Mariner 4.

Mariner 5 - 14/06/1967 - Il 19 ottobre 1967, Mariner 5 sorvolò Venere, raccogliendo e trasmettendo 8 informazioni.

Mariner 6 - Questa sonda spaziale ha superato Marte il 31 luglio 1969, scattando foto e analizzando i dati sulla pressione atmosferica.

Mariner 7 - 27/03/1969 - Pur avendo lo stesso obiettivo di Mariner 6, Mariner 7 ha beneficiato dell'essere il secondo ad arrivare su Marte. Gli scienziati sono stati in grado di utilizzare il sistema di comando riprogrammabile del veicolo spaziale per istruirlo a scattare altre foto del polo sud marziano, che ha suscitato il suo interesse durante il sorvolo del Mariner 6. Una foto mostrava persino la luna irregolare di Marte, Phobos.

Mariner 8 - 18/05/1971 - A causa di un difetto nel veicolo di lancio, il Mariner 8 non raggiunse nemmeno l'orbita terrestre e si schiantò nell'Oceano Atlantico poco dopo il suo lancio.

Mariner 9 - 30/05/1971 - Dopo 167 giorni di viaggio, è entrato nell'orbita di Marte e ha fotografato una tempesta di sabbia, scoperto vulcani e canali e valli, che porta il nome di Valles Marines, che è in onore del programma. Ha anche fotografato Phobos e Deimos.

Mariner 10 - 11/3/1973 - Mariner 10 è stato il primo a fare molto: è stata la prima sonda a utilizzare la teoria dell'accelerazione gravitazionale (che postula l'idea di utilizzare la forza gravitazionale di un corpo celeste per aiutare la navigazione), ha usato il pianeta Venere per raggiungere Mercurio. Mariner 10 è stata anche la prima sonda a raggiungere Mercurio e il 18 marzo 2011 era stata l'unica ad aver visitato quel pianeta. Inoltre, ha inviato dettagli sul pianeta Venere e sulla cometa Kohoutek.

Il programma Pioneer

Il programma Pioneer è stato sviluppato in Nord America per l'esplorazione planetaria senza pilota. Tuttavia, questo programma è stato contrassegnato dal numero di errori che aveva. Il nome Pioneer è stato dato per riaffermare lo spirito pionieristico degli americani nello spazio.

Pioneer 0 - 17 agosto 1958 - Questo doveva essere Pioneer I, ma a causa di un difetto 77 secondi dopo il lancio, fu distrutto e non lo chiamarono così.

Pioneer 1 - 10/11/1958 - Questa è stata la prima navicella spaziale lanciata dalla NASA, perché prima aveva il nome di NACA (National Advisory Committee for Aeronautics). Sarebbe stato utilizzato per orbitare attorno alla Luna, ma a causa di un errore al momento del lancio, non è mai arrivato lì.

Pioneer 2 - 11/8/1958 - Questa missione è stata l'ultima sonda Pioneer lanciata dal razzo Thor-Able. A causa di un problema nella terza fase del veicolo di lancio, la sonda ha raggiunto i 1550 km di altitudine, è rientrata nell'atmosfera e si è distrutta.

Pioneer 3 - 12/12/1958 - Questa è stata la prima sonda a utilizzare il razzo Juno. Tuttavia, quando ha raggiunto un'altitudine di 102.360 km di altitudine, ha avuto un guasto nella prima fase del veicolo di lancio ed è rientrato nell'atmosfera, terminando la missione con lo stato di fallimento.

Tuttavia, Pioneer 3 ha raccolto importanti informazioni sulla cintura di Van Allen, che è una regione in cui si verificano vari fenomeni nell'atmosfera terrestre, a causa dell'elevata concentrazione di particelle nel campo magnetico terrestre.

Pioneer 4 - 2/02/1959 - Questa è la prima missione americana senza pilota ad avere successo. Superata 58.983 km dalla superficie lunare, questa distanza non ha attivato il sensore fotoelettrico di cui era dotato, che ha impedito lo svolgimento degli esperimenti Pioneer 4. Nel marzo 1959, la sonda entrò nell'orbita del Sole e divenne la prima a raggiungere la velocità di fuga della Terra, che è la velocità minima di cui ha bisogno qualsiasi oggetto senza propulsione per sfuggire all'attrazione gravitazionale.

Pioneer P-1 - 24/09/1959 - Questa era una missione che ancora falliva sul campo. Il veicolo di lancio è esploso nel suo primo stadio mentre era ancora sulla rampa di lancio. Poiché si trattava ancora di un test statico (durante il test dei motori con il razzo spento), il secondo stadio e il carico utile non erano presenti nel test, quindi erano al sicuro.

P-3 Pioneer, Pioneer o X - 1959/11/26 - Questo compito anche perché non riesce, dopo 45 secondi il lanciato, la vetroresina Shell protezione del payload rotti, esponendo il payload. La comunicazione con gli stadi è stata persa e la nave, dopo 104 secondi dal lancio, è andata persa.

Pioneer 5 - 03/11/1960 - Questa è stata l'unica sonda del programma Pioneer lanciato dal razzo Able ad avere successo. La sonda ha confermato la presenza del campo magnetico interplanetario.

Pioneer P-30 o Pioneer Y - 25/09/1960 - Anche la Pioneer P-30 è stata una delle sonde che non ha avuto successo, come la maggior parte. Il primo stadio ha funzionato in modo soddisfacente, il secondo stadio non ha raggiunto la necessaria forza di galleggiamento. Pertanto, il carico utile non ha raggiunto l'orbita ed è rientrato nell'atmosfera.

Pioneer P-31 - Pioneer Z - 12/15/1960 - Inutile dire che questa missione si è conclusa con lo stato di fallimento. Il veicolo di lancio è esploso solo 68 secondi dopo il lancio.

Le missioni Pioneer si interruppero nel 1960, ma nel 1965 fu ripreso il programma per lo studio del Sistema Solare interno. Pioneer 6,7, 8 e 9 sono in orbita lunare. Solo Pioneer 10, o Pioneer E, presentava un problema al suo lancio nell'agosto 1969 e andò perduto.

Pioneer 10 - 03/02/1972 - Pioneer 10 è stato progettato per studiare il pianeta Giove. Ha raggiunto una velocità di 5.680 km / h, la velocità più alta raggiunta finora da qualsiasi artefatto artificiale. Il 6 novembre 1973, Pioneer 10 iniziò a catturare immagini di prova e il 30 dicembre dello stesso anno si avvicinò a 130.000 km della superficie di Giove. A causa dell'accelerazione gravitazionale, la sonda raggiunge una velocità di 132.000 km / h.

Dopo le varie fotografie scattate da Pioneer 10 e dopo essere rimasta per alcune ore senza avere contatti con la Terra, è riapparsa. Si era nascosta dietro il pianeta. Ora si trova su una traiettoria fuori dal Sistema Solare. Nel 1976 passò attraverso Saturno, nel 1980 attraverso l'orbita di Urano e nel 1983 attraverso l'orbita di Plutone.

Nel 2003 Pioneer 10 ha inviato il suo ultimo segnale. Fino ad allora, ha continuato a inviare informazioni sul sistema solare esterno. Pioneer 10 porta una targa d'oro, incisa con l'immagine umana, nel caso venga intercettata da esseri extraterrestri.

Pioneer 11 - 04/04/1973

Come il Pioneer 10, ha una placca d'oro incisa con l'immagine umana. Tra le orbite di Marte e Giove c'è una striscia piena di asteroidi, chiamata Cintura degli Asteroidi, sia Pioneer 10 che 11 la attraversarono senza problemi, anche se il tasso di collisione era di 9: 1. Il 1° settembre 1979, Pioneer 11 ha fatto le prime fotografie a pochi passi di distanza di Saturno, dove è possibile scoprire il 9° lune e gli anelli. Dopodiché, Pioneer 11 ha seguito la sua rotta fuori dal Sistema Solare e, diretto verso l'ignoto, ha studiato il vento solare.

Nel maggio 2010, la sonda Pioneer 11 si trovava a una distanza di 80 unità astronomiche dal Sole, nella costellazione dello Scutum. Per avere un'idea, solo tra 14.00 anni o anche di più, la sonda passerà la Nuvola di Oort e, se nulla la danneggia per allora, sarà totalmente libera dall'influenza del Sole.

Pioneer H o Pioneer 12 - Questa sonda doveva essere lanciata nel 1974, ma al momento del lancio è stata annullata. Dopo la cancellazione di Pioneer H, la NASA ha lavorato a un nuovo progetto, chiamato Pioneer Venus Project, ed è stato lanciato in due fasi: Pioneer Venus Orbi ter e Pioneer Venus Multiprobe.

Il Pioneer Venus Orbiter, o Pioneer 12, fu lanciato il 20 maggio 1978. Dopo aver viaggiato per sei mesi e due settimane, la sonda raggiunse Venere il 4 dicembre 1978 il 4 dicembre 1978. Mentre orbitava intorno al pianeta Venere, il Pioneer 12 fu in grado di osservare la cometa Halley, mentre era ancora impossibile osservare dalla Terra; Che è successo solo nel febbraio 1986.

Pioneer 12 ha inviato informazioni molto importanti sul pianeta Venere e. nel maggio 1992, il carburante della sonda si esaurì e la sua orbita diminuì gradualmente, fino all'8 ottobre 1992, e gli ultimi segnali arrivarono alle 19:22 UTC. Dopo 14 anni, quattro mesi e 18 giorni, il 22 ottobre 1992, il Pioneer 12 si disintegrò entrando nell'atmosfera di Venere.

Pioneer Venus 2 o Pioneer 13.

Lanciata l'8 agosto 1978, la sonda è arrivata su Venere il 9 dicembre 1978. Pioneer 13 portava con sé quattro sonde più piccole, chiamate Right, Day, North e Large, entrambe per studiare l'atmosfera di Venere. Entrambi hanno fatto il loro dovere, ma la sonda Day ha continuato a inviare dati da Venere per 67 minuti dopo che sono entrato nell'atmosfera.

Il programma Voyager

Agli americani si deve anche il programma Voyager, divenuto famosissimo dopo il film Star Trek: the motion Picture, che racconta la storia di una civiltà digitale fondata da Voyager 6 (mai uscita), che cerca instancabilmente la conoscenza e il suo creatore.

Voyager 1

Voyager 1 è stato lanciato il 5 settembre 1977 ed è stato progettato per raccogliere dati da Giove e Saturno. Il 4 gennaio 2021, la Voyager 1 ha completato 43 anni, 4 mesi e 9 giorni di operatività (quando scrivo questo), trasmettendo ancora i dati sulla Terra. Il 26 giugno 2013, la NASA ha confermato le informazioni secondo cui Voyager 1 è stato, per la prima volta nella storia, il primo oggetto artificiale ad entrare nello spazio interstellare. Non ha nemmeno lasciato il Sistema Solare, tuttavia, si trova già in uno spazio chiamato autostrada magnetica, dove è influenzato da altre stelle della Via Lattea.

La Voyager 1 porta con sé un messaggio dall'umanità per un probabile salvataggio da parte di un'altra civiltà extrasolare. La sonda Pioneer trasportava piastre d'oro incise con iscrizioni di umanità. Tuttavia, i due Voyager portano con sé un po' 'più di informazioni. Le navi trasportano un disco fonografico da 12 pollici in rame e placcato in oro. Questo disco scatta 115 foto della terra e vari suoni e un manuale su come usarlo.

Voyager 2

Il Voyager 2 fu lanciato il 20 agosto 1977. Il 9 luglio dello stesso anno, il veicolo spaziale si avvicinò a Giove a una distanza di 570.000 chilometri. Ha scoperto alcuni anelli intorno a questo pianeta, così come l'attività vulcanica su Io, una delle sue lune. Voyager 2 ha anche scoperto nuovi satelliti: Adrastea, Metis e Tebe. Il 25 gennaio 1981, la Voyager

2 si avvicinò a Saturno e realizzò bellissime immagini.

Il 24 gennaio 1986, la Voyager 2 arrivò su Urano e lì la sonda scoprì diversi satelliti: Cordelia, Ofelia, Bianca, Cressida, Desdemona, Juliet, Portia, Rosalinda, Belinda e Puck; così come un anello sottile intorno a questo pianeta. È stata la Voyager 2 a scoprire che, a differenza di tutti i pianeti del Sistema Solare, il polo sud di Urano è sempre rivolto verso il Sole.

Nell'agosto 1989, la Voyager 2 arrivò a Nettuno, scattò diverse foto e ricercò il suo satellite naturale, Tritone. Dopo aver attraversato l'orbita di Plutone, la sonda ha continuato la sua strada verso l'ignoto. A più di 18,7 miliardi di chilometri dalla Terra e allontanandosi sempre più, la Voyager 2 è stata in grado di ricevere un segnale dalla Terra e inviarlo di nuovo dopo le 17:24.

Come Voyager 1, Voyager 2 ha un record fonografico d'oro intitolato "Songs of the Earth", con 1 ora e 30 minuti di musica e alcuni suoni del nostro pianeta. Il disco porta la scritta: "per i produttori di musica di tutti i mondi e di tutti i tempi " (per i produttori di musica di tutti i mondi e di tutti i tempi). Ovviamente il disco contiene una delle sinfonie di Beethoven.

Il programma Viking

Creato anche dagli americani, il programma Viking era un paio di sonde inviate su Marte.

Viking 1

Questo veicolo spaziale è stato lanciato il 20 agosto 1975. Il 9 giugno 1976, il veicolo spaziale è entrato in orbita attorno al pianeta rosso. Quando la nave è arrivata nel luogo previsto, si è visto che il luogo destinato allo sbarco era troppo roccioso e difficile da atterrare. L'atterraggio, previsto per il 4 luglio 1976, dovette essere posticipato e il 20 luglio dello stesso anno, a 28 chilometri dal luogo previsto, il Viking 1 atterrò alle 11:53 UTC; il luogo divenne noto come Chryse Planitia.

L'11 novembre 1982, la nave smise di funzionare quando un comando sbagliato fu inviato dalla Terra, causando la perdita di comunicazione.

Viking 2

La sonda è stata lanciata il 9 settembre 1975. Prima di entrare nell'orbita di Marte, la sonda stava già inviando immagini del pianeta.

Il 3 settembre 1976, la nave atterrò a Utopia Planitia alle 22:37 UTC, ma come Viking 1, Viking 2 non durò a lungo e l'11 aprile 1980 le sue batterie si guastarono e andarono perse in caso di contatto con la Terra.

Mars Pathfinder

Il Mars Pathfinder era una sonda che è stata lanciata il 4 dicembre ed è atterrata su Marte il 4 luglio 1997, ad Ares Vallis, trasportava con sé un rover di esplorazione. Mars Pathfinder ha innovato il modo in cui i rover robotici dovevano essere consegnati ad altri pianeti. La sonda ha anche restituito una quantità di dati senza precedenti sul pianeta rosso.

La sonda spaziale Galileo

Prende il nome dallo scienziato e astronomo italiano Galileo Galilei, che era un osservatore delle lune di Giove, i quattro più grandi sono classificati come lune galileiane (Europa, Io, Callisto e Ganimede, entrambi scoperti da lui). Lanciato il 18 ottobre 1989, entrando nell'orbita di Giove il 7 dicembre 1995. Galileo è stato il primo a lanciare una sonda sul pianeta, che ha trasmesso dati dalla sua atmosfera durante la discesa ed è stata distrutta dalla pressione e dal calore.

La sonda è rimasta in orbita attorno al pianeta, studiando il pianeta e le sue lune per 14 anni, fino a quando il 21 aprile 2003, la missione si è conclusa e la NASA ha deciso di lanciare la sonda nell'atmosfera di Giove. Secondo i dati trasmessi da Galileo, si ritiene che la luna Europa ripari un oceano al di sotto della crosta di ghiaccio, e che in questo oceano possa esserci qualche tipo specifico di vita; dopotutto, il calore necessario non verrebbe dal sole, ma dall'attività vulcanica al centro della luna. Ecco perché Galileo è stato gettato su Giove, in modo che non "inquinasse" e contaminasse qualche tipo di vita che poteva contenere lì.

Cassini-Huygens

La missione spaziale senza pilota Cassini-Huygens che è stata inviata sul pianeta Saturno. Non si trattava solo di un progetto americano, ma di un progetto realizzato congiuntamente da NASA, ESA (European Space Agency) e AZI (Agenzia Zpazialle Italiana). È stato lanciato il 15 ottobre 1997 ed è entrato nell'orbita di Saturno il 1° luglio 2004 e operativo fino al 15 settembre 2017.

La sonda è stata intitolata all'astronomo e matematico franco-italiano Giovanni Cassini, che ha scoperto diversi satelliti su Saturno e diversi anelli del pianeta. Il nome utilizza anche il nome dell'astronomo e fisico olandese Cristiaan Huygens, che scoprì Titano nel 1655, il più grande satellite di Saturno.

Cassini è stato responsabile della scoperta che piove diamanti su Giove e Saturno, a causa della concentrazione di carbonio. Tuttavia, questo display astronomico termina prima di raggiungere la superficie: a causa delle alte temperature e della concentrazione di metano, i diamanti, che possono arrivare fino a 10 centimetri, finiscono per dissolversi.

Nel 2004, le due navicelle si sono staccate e la navicella Cassini ha iniziato il suo viaggio per atterrare su Titano, avvenuto il 14 gennaio 2005. Questo è stato il primo atterraggio di un'astronave su un satellite diverso dal nostro. Con questo atterraggio si è scoperto che lì piove metano.

Parte 6 - Stazioni spaziali

Fu Hermann Oberth a coniare, nel 1923, l'espressione "stazione spaziale". L'ha creato quando stava sviluppando una struttura che sarebbe servita come punto di partenza per i viaggi sulla Luna o su Marte.

Skylab

Skylab - Sky Laboratories (traduzione letteralmente significa laboratorio del cielo) - è stato lanciato il 14 maggio 1973 dagli americani ed era in orbita attorno alla Terra a un'altitudine di 435 chilometri.

Il nome Skylab definisce anche la missione che ha portato gli astronauti a lavorare nello spazio per mettere in funzione Skylab.

Tuttavia, nel 1979, l'intera struttura rientrò nell'atmosfera prematuramente, ponendo fine agli sforzi americani per occupare permanentemente lo spazio.

La stazione spaziale Mir

Il nome Mir (Мир), potrebbe venire a significare pace o mondo ed è stata l'esperienza di maggior successo di occupazione permanente nello spazio. Ha operato dal 1986 al 2001. È iniziato come proprietà dell'Unione Sovietica e quando il comunismo è caduto, Mir è diventata proprietà russa.

A partire dal 21 marzo 2001, era il più grande satellite in orbita, fino a quando non è stato sostituito dalla Stazione Spaziale Internazionale, la ISS.

La ISS ha iniziato a essere costruita nel 1988 ed è stata ufficialmente completata l'8 luglio 2011, addirittura ha iniziato a funzionare prima del suo completamento.

Parte 6 – Gli occhi dell'uomo nello spazio

Da un punto di vista unico, i telescopi spaziali hanno aiutato l'umanità a cambiare la nostra comprensione dello spazio. I telescopi spaziali sono strumenti molto potenti in relazione all'osservazione del cosmo, in quanto effettuano osservazioni astronomiche che sarebbero praticamente impossibili se fossero effettuate sulla superficie terrestre. Parliamo ora di quelli più importanti.

Osservatorio spaziale di Herschel

Questa era una sonda lanciata il 14 maggio 2009 dall'ESA. Il suo primo nome era Firts - Far infrared and Submillimeter Telescope, che significa telescopio a infrarossi con lunghezza d'onda sub-millimetrica.

Questo telescopio è stato il primo a coprire la gamma dell'infrarosso fino alla gamma sub-millimetrica dello spettro elettromagnetico (gamma completa di tutte le possibili frequenze di radiazione elettromagnetica).

L'Herschel Space Observatory pesava circa 3,25 tonnellate, 9 metri di altezza e 4,3 metri di larghezza. Lo specchio era in carburo di silicio. Il telescopio prende il nome dall'astronomo britannico William Herschel, che nel 1800 scoprì l'esistenza di una banda nello spettro elettromagnetico che era al di fuori della luce visibile, e che in seguito divenne nota come infrarosso.

Il telescopio spaziale Herschel è stato il più potente telescopio a infrarossi mai lanciato. Descriveremo qui in dettaglio le sue sorprendenti scoperte:

- Ossigeno nello spazio
- Pioggia su Saturno
- Approccio dell'asteroide Apophis
- Cintura di asteroidi nelle stelle
- Scontro di galassie

- Anelli di polvere ad Andromeda
- Una stella può generare 50 pianeti come Giove
- Star Factory
- Nascita di stelle massicce

Il telescopio è stato in funzione fino al 29 aprile 2013. I telescopi che utilizzano apparecchiature per rilevare lo spettro infrarosso a lunga distanza necessitano di elio liquido per raffreddare le loro apparecchiature di osservazione. In questo giorno, il liquido che ha raffreddato il telescopio si è esaurito e si è surriscaldato., Ma La NASA se lo aspettava già.

Telescopio spaziale ISSO

L'ISO (Infrared Space Observatory), era un telescopio spaziale per osservazioni per osservazioni a infrarossi. Questo telescopio a filo è stato lanciato nel 1995, ma la sua pianificazione è iniziata molto prima, nel 1979. È rimasto in funzione fino al 1998, rimanendo 8 mesi più a lungo del previsto nello spazio.

SOHO

Il Solar Observatory e Heliospheric è stato lanciato il 2 dicembre 1995, e il suo design è stato un congiunto tra ESA e NASA, e il suo scopo era quello di studiare il sole, oggi la sonda continua a inviare informazioni sulle attività solare; ma durante la sua missione, SOHO finì per diventare il più grande cercatore di comete dell'intera storia dell'umanità.

SOHO è stata responsabile della scoperta di più di 4000 comete, nei suoi 25 anni di storia. L'ultima cometa è stata soprannominata SOHO-4000, era così debole vicino al Sole che SOHO è stato l'unico telescopio che l'ha avvistata, e qui sulla Terra era invisibile.

TELESCOPIO SPAZIALE SPITZER

Inizialmente, si chiamava Stirf, che stava per Space Infrared Telescope Facility, ma il suo nome fu cambiato per onorare il famoso astrofisico americano Lyman Spitzer, che fu il primo a suggerire che i telescopi fossero collocati nello spazio e fece diversi schizzi per lo sviluppo di Hubble. Il telescopio Spitzer è stato lanciato il 25 agosto 2003.

Lo Spitzer ha catturato immagini e spettri ottenuti dalla rilevazione della radiazione termica a infrarossi. A causa dell'atmosfera terrestre, questo tipo di radiazione non può essere rilevato e Spitzer è stato responsabile della fotografia di regioni dello spazio mai catturate prima dai telescopi terrestri. Questo telescopio ha fatto scoperte incredibili, tra cui:

- La prima mappa meteorologica di un esopianeta;
- Culla nascosta di stelle appena nate;
- Una collezione in crescita di galassie;
- L'anello più grande di Saturno;
- "Buckyballs" nello spazio;

- Collisioni di sistemi planetari;
- Il primo telescopio per identificare direttamente le molecole nell'atmosfera di esopianeti;
- Buchi neri distanti;
- L'esopianeta più distante;
- Luce diretta da un esopianeta;
- Rilevamento di piccoli asteroidi;
- Una mappa senza precedenti della Via Lattea;
- Grandi galassie baby;
- Sette pianeti extrasolari come la Terra, attorno a una singola stella.

Questo telescopio è stato creato per ottenere informazioni dallo spazio al fine di comprendere le origini dell'Universo, come si sono formate le stelle e le galassie. Il 30 gennaio 2020 è andato in pensione.

TELESCOPIO SPAZIALE CHANDRA

Il Chandra X-ray Space Observatory è stato lanciato il 23 luglio 1999 e prende il nome dal fisico indiano Subramanyan

Chandrasekhar, e questo è il più potente telescopio a raggi X mai lanciato. Diamo un'occhiata ai loro principali risultati:

- Un anello luminoso attorno alla pulsar principale della Nebulosa del Granchio;
- La supernova più luminosa mai vista, un tipo di supernova previsto prima, ma confermato con questa foto;
- La velocità del Cygnus X-1;
- Conferma dell'energia oscura.

TELESCOPIO SPAZIALE HUBBLE

Il telescopio spaziale Hubble è stato lanciato il 24 aprile 1990, ma la sua storia inizia nel 1946, anno in cui è iniziata l'iniziativa per la sua creazione. Nel suo percorso, Hubble ha riscontrato diversi problemi, come budget e ritardi. Nell'anno del suo lancio, il telescopio ha mostrato un'aberrazione sferica nello specchio, e questo sembrava distruggere i miliardi di dollari investiti nel progetto. Nel 1993, una missione spaziale con equipaggio è stata progettata per riparare l'attrezzatura, cosa che l'ha fatta funzionare come previsto.

    Il suo nome viene in onore dell'astronomo Edwin Powell Hubble, che ha identificato che la velocità con cui le galassie si stavano allontanando era proporzionale alla loro distanza, rivoluzionando l'astronomia. Come l'astronomo, anche il telescopio ha rivoluzionato l'astronomia, con tutte le sue scoperte. come ha fatto piangere molte persone con le loro bellissime immagini.

    Alcuni vecchi problemi di astronomia furono risolti da Hubble e nuovi risultati delle osservazioni richiedevano nuove tecnologie e nuove tecnologie richiedevano nuove teorie per spiegarli. Hubble ha limitato il valore della costante di Hubble, la misura della velocità con cui l'Universo si sta espandendo.

    Oltre ad aiutare Hubble a perfezionare le stime dell'età dell'Universo, ha anche messo in dubbio le teorie sul suo futuro. Ciò che è innegabile è che le immagini che Hubble ha prodotto sono un'eredità unica, le regioni più lontane del cielo hanno sollevato il loro velo davanti alle telecamere di Hubble, aprendo una nuova finestra sull'universo primordiale e scoprendo ancora più cose, come:

- Il violento processo di nascita di una stella;
- Un'infinità di buchi neri;
- Uno studio dettagliato di Giove;
- Le immagini più belle dell'Universo.

TELESCOPIO SPAZIALE JAMES WEBB

Il James Webb Space Telescope è un progetto di una missione senza pilota, che mira a mettere in orbita un nuovo telescopio, che in futuro sostituirà Hubble quando si ritirerà; probabilmente nel 2022. Questo è un progetto della NASA in collaborazione con l'ESA.

James Webb dovrebbe osservare la formazione delle prime galassie, vedere la produzione degli elementi da parte delle stelle e vedere i processi di formazione delle stelle e dei pianeti.

Fino al 2002, il progetto è stato nominato da Next Generation Space Telescope, con l'acronimo NGST. Il termine " prossima generazione " è un riferimento diretto al fatto che dovrebbe essere il sostituto di tutti i telescopi.

Tuttavia, anche Hubble ha un rivale a terra. Anche se non ci credi, c'è un super telescopio sulla Terra che può colpire i risultati del telescopio spaziale.

Ciò solleva una domanda molto importante e interessante. Se c'è un telescopio sulla terra in grado di catturare immagini buone come quelle di Hubble, perché tutti gli sforzi per portare un telescopio in orbita?

Pensa a una situazione: immagina un acquario e una fotocamera in fondo. Se l'acqua è ferma, la foto non sembrerebbe così bella e se l'acqua si muove, la foto apparirà sfocata. In questo caso, l'acquario rappresenta la terra e l'acqua rappresenta l'atmosfera terrestre.

In Cile, nel mezzo dell'arido deserto di Atacama, si trovano i potenti telescopi dell'Osservatorio europeo del Sud. Il paesaggio ci ricorda persino il pianeta rosso, totalmente torrido, arido e rossastro. Ad un'altitudine di 2600 metri sul livello del mare, gli astronauti sono in grado di avere una visione chiara delle stelle. È un ambiente molto speciale in cui lavorare, l'umidità è inferiore al 10%, cioè se stai fuori tutto il giorno, muori disidratato solo respirando.

Nel deserto di Atacama, le notti senza luna sono così buie che è possibile contemplare l'ombra stessa causata dalla debole luce della Via Lattea. Gli enormi telescopi, con specchi di 8 metri, sono di enormi dimensioni e quando cala la notte emettono raggi laser nell'atmosfera per misurare con precisione i cambiamenti, così possono correggere le imperfezioni causate dall'atmosfera.

Oggi, l'European Southern Observatory sta costruendo quello che sarà il più grande telescopio sulla faccia della Terra, il suo specchio avrà un diametro di 39 metri.

Come hai visto, l'universo ha più di quanto sembri. Lo spettro magnetico spazia dai raggi gamma alle onde radio e per ogni lunghezza d'onda gli astronomi hanno bisogno di un telescopio specifico.

Sull'altopiano cileno di Chajnantor, a 5000 metri sul livello del mare, si trova il più potente radiotelescopio del mondo. Si chiama ALMA e dispone di 60 antenne che ascoltano l'intero spazio. Camion speciali trasportano le antenne da 12 metri nella posizione di osservazione. Per lavorare lì, i tecnici hanno bisogno di ossigeno artificiale, il vantaggio di questa altitudine è che quasi nessun tipo di vapore offusca la vista verso l'alto. Tuttavia, anche il più potente super radiotelescopio non è sufficiente per catturare tutti i dati che l'universo ci fornisce, e per questo motivo gli astronomi combinano diversi radiotelescopi in tutto il mondo, formando così l'Event Horizon Telescope.

In questo caso, gli astronomi convertono tutti i telescopi in un unico ricevitore, è come se l'intero pianeta fosse un'unica antenna.

È stato grazie a questo sistema che nel 2020 un gruppo di astronomi e astronomi è stato in grado, per la prima volta, di fotografare un buco nero.

Anche così, l'atmosfera terrestre sarà sempre un problema quando si tratta di misurazioni, poiché la radiazione infrarossa è sempre bloccata, ed è particolarmente interessante per gli astronomi, poiché può superare le nuvole di polvere intergalattica. Quindi viaggia per miliardi di anni e viene chiuso a chiave proprio davanti alla porta di casa nostra.

Tutto ciò che c'è da vedere nell'Universo non è stato ancora visto, ed è quello che gli astronomi stanno cercando ora.

Parte 7 - La colonizzazione di Marte

Se 150 anni fa si dicesse che colonizzeremo Marte, una proposta del genere sarebbe insignificante. Tuttavia, oggi, uno studio del genere è serio. Per gli astronomi, Marte, dopo la Terra, sarebbe il pianeta con più probabilità di essere abitato, poiché la sua superficie ricorda la Terra, se paragonata ad altri pianeti del Sistema Solare. Tra le corrispondenze possiamo citare:

- Acqua allo stato liquido / solido;

- Un'atmosfera tenue;

- La giornata su Marte dura in media 24h 39m 35.244;

- L'inclinazione assiale di Marte è 25.190 e quella della Terra 23.44, quindi anche Marte ha stazioni come quelle sulla Terra.

Spazio X che crea le proprie leggi per l'eventuale colonizzazione di Marte. La compagnia del miliardario Elon Musk vuole creare una base abitabile entro il 2050, secondo Musk, Marte dovrebbe essere considerato un pianeta libero e che le leggi della Terra non dovrebbero interferire con le leggi marziane, che devono avere un governo e un proprio codice.

Una delle prime domande da porsi: se la vita sulla Terra inventasse batteri, chi dovrebbe arrivare per primo su Marte, uomo o batteri?

Secondo i ricercatori, si ritiene che i primi abitanti viventi di Marte debbano essere batteri, virus e funghi, dove devono catalizzare e operare molti processi biologici essenziali per la vita e l'ecologia del pianeta.

Tuttavia, secondo Michel Mayor, uno scienziato che nel 1995 scoprì il primo esopianeta, l'S1 Pegassi B (questo pianeta è il 5 ° anni luce dalla Terra, situato nella costellazione di Pegaso), vincitore anche del Premio Nobel per la fisica 2020, Sindaco non crede che l'umanità colonizzerà un pianeta, per lui, questa è solo un'allucinazione.

Tuttavia, la visione di Michel Mayor è quella di colonizzare un pianeta al di fuori del Sistema Solare, Marte è molto più vicino di così. Il sindaco sostiene che un viaggio al di fuori del Sistema Solare richiederebbe molto tempo, un viaggio su Marte richiederebbe solo 440 giorni, ma questo è l'ultimo dei problemi. Osserva gli altri:

Contanti:

Negli anni '70, la NASA aveva il 4,4% del budget federale, molto diverso dall'1% di oggi. Tuttavia, ci sono aziende private che vedono la colonizzazione dello spazio, come nel caso di Space X, e questa potrebbe diventare la prima a tagliare il traguardo, dopotutto, non dipendono dal bilancio pubblico. Tuttavia, Elon Musk deve salvarsi le tasche, poiché un viaggio con equipaggio sul pianeta rosso potrebbe facilmente superare i $ 500 miliardi.

Radiazione:

La radiazione solare può causare seri problemi, anche in un breve periodo di tempo. Un viaggio di sola andata su Marte potrebbe esporre una persona a radiazioni 15 volte superiori a quelle consentite a un lavoratore di una centrale nucleare. Una radiazione eccessiva può causare cancro, demenza, disturbi della vista e morte degli organi sessuali degli organi.

In termini generali, e questa è la mia opinione senza alcun fondamento politico / scientifico, vedo il pianeta rosso, tra mille anni, blu e il nostro pianeta oggi blu, rosso, distrutto, desolato, abbandonato dai ricchi e popolato da chi è qui non posso uscire. Inutile pensare alla colonizzazione di un altro pianeta, mentre il nostro pianeta, la nostra casa, la nostra casa vengono distrutte. Che senso ha trasferirsi in una vecchia casa e ristrutturarla, a patto che tu abbia una nuova casa, tienila e basta? Mentre le persone si battono per imporre nuove leggi su un pianeta ancora senza nessuno, come è la situazione del nostro governo? Mentre i ricchi stanno lavorando al loro esodo su un altro pianeta, qual è la situazione dei meno favoriti?

Noi esseri umani stiamo attraversando un disastroso problema socio-economico: mentre scrivo questo libro, il mondo sta attraversando una grave crisi sanitaria, una pandemia mondiale, il Coronavirus. Vorrei vedere gli stessi sforzi che vedo per la colonizzazione di un altro mondo diretti per il bene del nostro pianeta, per la cura dei suoi abitanti, in modo che la razza umana possa prevalere.

Parte 8 - Turismo spaziale

Nel 2001, Dénis Tito ha visitato la ISS e in seguito l'idea di un viaggio nello spazio che raggiungesse tutti è passata dalla fantascienza alla realtà. Tuttavia, sarebbe ridicolo dire che questo raggiungerà tutti, dopotutto, non tutti hanno 60 milioni di dollari per saltare nel cielo e tornare indietro. Entusiasti della nuova tendenza, Jeff Bezos, Richard Branson ed Elon Musk cercano di renderlo un trend e cercano di rendere questi viaggi più economici.

Jeff Bezos, oltre ad essere il proprietario di Amazon, possiede anche Blue Origin e ha già testato la sua cabina con equipaggio.

Nel maggio 2019, Bezos ha dichiarato che, oltre ad avere piani per lo spazio, Blue Origin ha anche piani per la Luna, e ha già un modulo lunare chiamato Blue Moon, ha speso più di 579 milioni di dollari solo per testare un atterraggio umano su la Luna Il nome della vostra azienda rende omaggio al nostro pianeta, un piccolo punto blu nella vastità dell'Universo.

Sir Charles Nicholas Branson è un imprenditore multimilionario che si estende su più filiali, possiede il gruppo Virgin e una delle società di questo gruppo è Galactic, ed è questa società che sta cercando di sviluppare veicoli spaziali commerciali e mira a fornire suborbitali voli spaziali per turisti spaziali. Dal 2009 Virgin Galactic ha posticipato i suoi voli. I disastri segnano sempre il percorso dell'azienda.

Elon Reeve Musk è il CEO e CTO di Space X, Tesla Motors, Presidente di Solar City, CEO di Neuralink e attualmente il secondo uomo più ricco del mondo, secondo solo a Jeff Bezos. Nonostante sia apparso in diverse serie TV, serie, film e cartoni animati americani, Musk è membro della Royal Society e ha vinto diversi premi per il riconoscimento del suo talento intellettuale. Oltre a pensare a una breve colonizzazione marziana, Musk è molto impegnato a pensare a progetti di turismo spaziale.

Pair you 9 - A hotel in Space the

Una startup chiamata Orion Spa n intende lanciare il primo hotel spaziale. L'hotel è stato chiamato Aurora Space Station e mira a far vivere al tuo cliente una vera esperienza da astronauta; come guardare l'aurora boreale e sentire gravità zero,

In linea di principio, l'hotel avrà le dimensioni di una cabina di un jet privato e potrà ospitare fino a sei persone, compreso l'equipaggio. Secondo Startup, le sistemazioni saranno lussuose, comprese suite private Bezos. per coppie, e potrebbero contenere diverse finestre, in modo che i loro clienti possano guardare l'aurora boreale della cabina

Tuttavia, non era solo Orion Spa n che considerata la possibilità di fare un hotel nei cieli. Axion Space, con sede a Houston, prevede che entro il 2027 sarà pronta la sua prima navicella spaziale commerciale. L'azienda ha meno di 30 mesi, ma ha piani molto audaci e molti soldi.

Un'altra azienda che ha mostrato un forte interesse è stata Bigelaw Aerospace, che si è dedicata al lavoro di costruzione di basi spaziali a basso costo. Sono i pionieri dei moduli espandibili, ovvero, dopo essere stati lanciati, si gonfiano e raddoppiano o triplicano le loro dimensioni.

Conclusione

Il desiderio di volare è instillato negli esseri umani, e non è per niente che possiamo volare oggi. Possiamo volare così in alto, che anche il cielo non è il limite. Questo libro è dedicato a tutte le persone che hanno perso la vita alla ricerca del sogno di essere liberi, di liberarsi degli artigli invisibili della gravità, l'artiglio che ci tiene tutti a terra, ma non i nostri sogni.

Tuttavia, anche se l'uomo va sulla Luna o su Marte, una nave va verso il Sole o ai confini del Sistema Solare, è come disse Dorothy Gale nel film del 1939 Il mago di Oz: "non c'è posto migliore della nostra casa!"

www.ingramcontent.com/pod-product-compliance
Lightning Source LLC
Chambersburg PA
CBHW030448220526
45464CB00006B/2450